EL CUERPO HUMANO

"Sus órganos y sistemas, y su funcionamiento coordinado"

EL SISTEMA NERVIOSO

El cerebro está conectado por una red de nervios con el resto del organismo; hay terminaciones nerviosas que se insertan en los músculos.

Otros nervios conectan el cerebro con los diferentes órganos de los sentidos.

La extirpación o lesiones de determinadas áreas del cerebro, y también la estimulación eléctrica, han contribuido a determinar de manera general qué áreas del cerebro se encargan de cada función.

Actualmente las técnicas más avanzadas de neuroimagen, permiten una observación directa de las partes que se activan al realizar diferentes funciones.

Se ha comprobado que hay funciones localizadas en ciertas zonas, pero también parece cierta la idea holística de que hay cooperación a gran escala de todo el cerebro.

La electricidad atmosférica provocaba movimientos en las ancas de rana, en los experimentos de Galvani, cuando éste estudiaba los fenómenos eléctricos; hoy se sabe que el impulso nervioso que se transmite de neurona a neurona es de naturaleza electroquímica.

El cerebro es, por decirlo así, el centro de control del organismo. Las neuronas (células del sistema nervioso) se comunican enviándose impulsos electroquímicos.

El cerebro contiene unos 100.000 millones de neuronas, que pueden establecer unos 100 billones de conexiones.

Es un órgano sumamente activo, que consume un 20 % de la energía del cuerpo.

La forma de las neuronas fue descubierta por Ramón y Cajal, observándolas al microscopio, y aplicando un tinte celular que se había desarrollado recientemente.

Las neuronas tienen un conjunto de ramificaciones, llamadas dendritas, que reciben el impulso nervioso de otras neuronas, y una ramificación más larga, llamada axón, por el que transmiten el impulso nervioso.

Entre las neuronas, hay un continuo relampagueo electroquímico que viaja a unos 300 km por hora.

La separación entre las terminaciones de una neurona y otra es de unas dos millonésimas de cm, y se llama sinapsis.

Algunas neuronas forman hasta 100.000 sinapsis con sus vecinas.

Cuando la señal eléctrica llega al extremo de una neurona provoca que se viertan en la sinapsis unas sustancias químicas llamadas neurotransmisores. Si un número suficiente de neurotransmisores se unen a los receptores adecuados de la neurona contigua, esta capta la señal.

En los pliegues de las neuronas se ocultan otro tipo de células llamadas glías. Hay unas diez por neurona y sirven para formar una especie de armazón inteligente (su nombre se deriva de la palabra para "pegar").

Sin embargo, su función no debe ser solo la de formar un soporte celular, pues de hecho también se envían impulsos entre sí.

Cada día se pierden entre 30.000 y 50.000 neuronas. Por tanto a los 65 años, una persona habrá perdido la décima parte de las neuronas que tenía en su juventud adulta.

Los comportamientos controlados por las neuronas que se pierden deberían resentirse, a no ser que haya otras neuronas que se sigan encargando de ellos.

Con los años se reduce también la cantidad de neurotransmisores en las neuronas que controlan el movimiento y el sueño.

En las regiones asociadas a la enfermedad de Parkinson desaparecen las moléculas receptoras de los neurotransmisores; algunas vías de neurotransmisor, como la colinérgica, también se debilitan y se pierde memoria.

Sin embargo muchas personas conservan bastante bien sus facultades, incluso a edad avanzada. Las conexiones neuronales no son inmutables. A algunas neuronas les salen nuevos axones o dendritas más largas cuando dejan de funcionar bien las de sus vecinas.

Hay investigadores que piensan que en realidad puede que haya un aumento en la densidad de sinapsis con el paso de los años, pues las neuronas pueden cambiar sus asociaciones sinápticas por otras sanas. Podría existir una capacidad de adaptación o "plasticidad neuronal".

Por otro lado hay casos muy curiosos, como el de niños con retraso mental que sin embargo tienen una capacidad extraordinaria para el cálculo rápido u otras actividades mentales complejas. Aunque no se sabe la explicación, esto podría indicar que el deterioro de alguna región cerebral tal vez origine una mayor actividad en otras neuronas.

El tallo cerebral es la parte de la médula espinal que entra por abajo en el cerebro; controla la respiración y los latidos del corazón.

Contiene también el sistema activador reticular que regula el dormir y el despertar, así como el locus coeruleus, un grupo oblongo de células que están conectadas con áreas mucho más arriba en el cerebro, y que dispara una rápida señal que alerta a los centros superiores siempre que algo nos alarma o excita.

Puede que tenga que ver con nuestro despertar, al interaccionar con determinados neurotransmisores para producir la vigilia.

Aunque el tallo cerebral pierde pocas neuronas con la edad, a partir de los 65 años el 45 % de las células del locus mueren; no se sabe con certeza, pero eso podría estar relacionado con la pérdida del sueño en la edad avanzada.

Un poco más arriba y hacia un lado se encuentra el cerebelo; en él están las fibras de Purkinje, que son de las estructuras más complejas del cerebro, pues una sola de ellas puede comunicarse simultáneamente con otras docenas de miles y con los centros superiores del cerebro.

Mediante ellas el cerebelo procesa la información de los músculos, las articulaciones y los tendones y coordina nuestros movimientos.

Tal vez el cerebelo limite algunas funciones mientras se realizan otras.

Por encima del cerebelo se encuentra el diencéfalo, la capa más interna del cerebro, dominada por el hipotálamo. El tamaño del hipotálamo es aproximadamente como el de la uña del dedo pulgar, pero sus funciones son muchas e importantes.

Regula la presión sanguínea y la temperatura del cuerpo y controla el apetito. También tiene que ver con las emociones; si se estimula desde afuera se originan sentimientos como miedo o cólera; se comunica constantemente con la hipófisis, que es la glándula que regula las hormonas, y con otro órgano diminuto, la glándula pineal, que contiene una especie de reloj interno que es sensible a la luz.

Justo encima está el tálamo, que recibe y controla las señales procedentes de los sentidos. Cuando recibe, por ejemplo, las señales procedentes de los ojos las distribuye hacia las áreas del cerebro que se encargan de procesarlas. De igual manera controla la facultad auditiva, el olfato y los sentidos en general, de modo que es por medio de él que el cerebro interacciona con el mundo exterior.

Más arriba encontramos el sistema límbico, que también tiene mucho que ver con las emociones así como con la capacidad de aprender.

Si se aplica un electrodo del grosor de una aguja a determinada área del sistema límbico de un animal mostrará cólera, pero si se aplica en otra área mostrará alegría, y en otra miedo. También se ha hecho a veces con seres humanos y los resultados han sido semejantes.

El sistema límbico está asociado al hipocampo (o caballito de mar). Este órgano ha sido relacionado con la capacidad de transferir recuerdos desde la memoria a corto plazo a la memoria a largo plazo; puede que haya un vínculo neuronal entre las emociones y los recuerdos.

Y ya rodeando el sistema límbico está la "gigantesca" estructura del cerebro propiamente dicho, que está dividido en dos hemisferios, cada uno dividido a su vez en regiones específicas. Está cubierto por una envoltura, el córtex, que solo tiene un espesor de unas 2 décimas de mm, pero contiene casi el 70 % de las neuronas del sistema nervioso central.

Si lo desplegáramos abarcaría una superficie de unos 14 dm^2. Aunque parece uniforme, al microscopio se asemeja a una maraña de espinos, con regiones increíblemente especializadas.

El córtex parece ser la parte del cerebro que nos hace más específicamente humanos y nos diferencia de los animales, nos permite realizar actividades artísticas, preocuparnos por el origen de la vida y cosas así.

Las áreas visuales están en el córtex occipital, las auditivas en el lóbulo temporal, y las motrices en el córtex frontal; el córtex prefrontal está asociado a varios tipos de memoria.

A lo largo de la vida se pierden aproximadamente un 25 % de las fibras de

Purkinje del cerebelo, lo que debe afectar a la capacidad para ejecutar movimientos precisos y en sucesión rápida.

En cambio el diencéfalo, que está solo a millonésimas de cm, no resulta tan afectado por la edad, y no se sabe por qué.

A los 30 años empiezan a morir varias regiones del hipocampo, y en la vejez se habrán perdido un 30 % de sus neuronas, lo que tal vez se relacione con la pérdida de memoria y la capacidad de aprender.

Vamos a considerar ahora como controla el sistema nervioso las actividades motrices del cuerpo, tanto las voluntarias, que nos permiten realizar cosas que deseamos o necesitamos, como las involuntarias, que son esenciales para el funcionamiento correcto del organismo.

LOS MÚSCULOS

Hay varias clases de tejido muscular; el tejido muscular liso se encuentra en los órganos que se ocupan de los procesos vasculares, gastrointestinales y reproductivos; se encuentra, por ejemplo, en las paredes internas del estómago, el útero, los vasos sanguíneos y los intestinos.

El tejido muscular cardiaco (del corazón), comparte con el tejido muscular liso mencionado, la capacidad de control involuntario, es decir, funcionan sin que intervenga nuestra voluntad consciente, gracias a la interacción de un conjunto especializado de nervios.

El tejido muscular esquelético, en cambio, forma los músculos que se encargan de los movimientos voluntarios. Está conectado a los huesos mediante ligamentos y tendones (los movimientos reflejos se deben a nervios que salen de un músculo y dan la vuelta y retornan a él).

Los músculos están formados por células cilíndricas (miofibras), que tienen muchos núcleos en su citoplasma, y que varían en tamaño: las hay tan pequeñas que cabrían cientos de ellas en la cabeza de un alfiler, pero otras son enormes a escala celular pues miden casi treinta cm.

Los músculos se contraen cuando reciben el impulso electroquímico adecuado de los nervios que se insertan en ellos. Las proteínas contráctiles que contienen, invierten su polaridad al recibir el impulso eléctrico, y se colocan en fila para ejercer su fuerza en conjunto y producir la contracción.

La energía necesaria para realizar esta función se genera en las mitocondrias de las células al reaccionar los nutrientes del alimento con el oxígeno que obtenemos al respirar.

Las moléculas deben pasar más allá unas de otras, de modo que realizan un trabajo, y necesitan por tanto la energía que se genera en esas estructuras del interior de las células.

Hay músculos de sacudida rápida, que ejercen fuerza, y otros de sacudida lenta que desempeñan diversas funciones.

Con el paso de los años las miofibras van muriendo y son sustituidas por tejido conectivo y después por grasa.

Como se pierden proteínas contráctiles disminuye la capacidad de ejercer fuerza.

LOS HUESOS Y LAS ARTICULACIONES

En la edad avanzada, la creación y destrucción de hueso ya no están tan bien compensadas como en la juventud y aumenta la desmineralización, de modo que los huesos se hacen más frágiles.

Las células encargadas de hacer cierto tipo de cartílago van dejando de funcionar y por tanto la flexibilidad disminuye.

La nutrición sanguínea también es peor, y las mitocondrias no generan suficiente energía; las células y los tejidos mueren, y hay moléculas que al detectar inactividad van destruyendo el tejido muscular, que por tanto se convierte en tejido conectivo y grasa.

De modo que el sistema nervioso contrae o relaja los músculos para controlar así los movimientos; los músculos están conectados a los huesos, que por su dureza y resistencia constituyen el armazón del cuerpo.

El tejido óseo se regenera continuamente. Hay unas células llamadas osteoclastos que demuelen, pero otras llamadas osteoblastos, que depositan sales de calcio, reconstruyen el tejido, de manera que los huesos se regeneran cada siete años. Se componen de un 45 % de minerales (sobre todo calcio), un 30 % de tejido blando (células y vasos sanguineos), y un 25 % de agua.

Pueden ser largos y compactos (como los de los muslos y los brazos), cortos y esponjosos (por ejemplo, los de las muñecas y los tobillos), y planos (como en el cráneo y las costillas, con material esponjoso entre ellos); algunos también tienen curiosas formas irregulares, tanto esponjosos como compactos.

Las articulaciones son las regiones donde unos huesos se encuentran con otros. Las llamadas "diartrósicas" se mueven libremente como en las rodillas y los hombros; además están las anfiartrósicas, que solo se mueven un poco, por ejemplo en los discos que hay entre los huesos de la columna vertebral; las sinartrósicas no se mueven (por ejemplo en el cráneo las placas están unidas por un tejido conectivo que no se mueve).

El tejido de las articulaciones forma ligamentos, tendones y cartílago; además hay células que segregan un fluido en algunas áreas entre los huesos, el líquido senovial.

Los ligamentos son fibras cilíndricas que conectan un hueso con otro. El tejido conectivo que los forma consiste en células que crean un relleno extracelular con proteínas de colágeno y elastina.

Los tendones son cuerdas de tejido conectivo que unen el hueso a un músculo. Están hechos de colágeno y elastina. Algunos, como los de la muñeca y el tobillo están rodeados por un tejido conectivo fibroso muy robusto, o vainas tendinosas; entre tendón y vaina hay líquido senovial y gracias a esto pueden deslizarse con facilidad, y la vaina impide que se salgan del sitio.

En la mayoría de los huesos de las articulaciones móviles hay una sustancia, el cartílago articular, que recubre los extremos de los huesos para reducir la fricción y erosión; hay células que lo segregan continuamente creando capas nuevas a medida que se desgastan las viejas.

Los huesos pueden soportar presiones de hasta 1700 kg por cm^2, cuatro veces más que el hormigón. Su fuerza y flexibilidad maravillan a los ingenieros.

Con los años disminuye la regeneración de colágeno y elastina y por tanto disminuye la eficiencia de ligamentos, tendones y cartílago articular. También se reduce la regeneración ósea, pues se destruye más de lo que se construye. La osteoporosis afecta más a las mujeres, quizá por la pérdida de estrógenos.

EL APARATO DIGESTIVO

Como ya hemos comentado la energía necesaria para que el cuerpo desarrolle todas sus funciones proviene de unas diminutas estructuras que se encuentran en el interior de las células: las mitocondrias; en ellas se combinan los nutrientes del alimento con oxígeno y se produce una reacción química que genera energía.

Pero, ¿cómo llegan los nutrientes y el oxígeno a las mitocondrias?.

Los alimentos que tomamos están formados por diversas estructuras químicas, como hidratos de carbono (o carbohidratos) y grasas, y otras sustancias.

Los carbohidratos y grasas de un pastel, por ejemplo, se trituran en la boca y se mezclan con la saliva, para formar una pasta; es la primera fase de la digestión química; la saliva contiene moléculas que protegen la boca de las infecciones bacterianas, y lubrica, disuelve y arrastra las partículas de comida, facilitando también que el sabor llegue a las papilas gustativas.

A continuación la comida ya triturada y lubricada pasa de la boca al estómago a través del esófago.

En el esófago hay unos músculos reflejos que ayudan a que pase la comida a su través en dirección al estómago. Este proceso se denomina peristaltismo, y gracias a él la comida puede avanzar incluso estando tumbados.

Entra en el estómago por el esfínter esofágico, un estrechamiento que deja pasar el alimento y entonces se cierra evitando así que los ácidos del estómago salgan; cuando no funciona bien parte de ellos llega a la garganta y sufrimos acidez.

El jugo gástrico es una mezcla de proteínas, hormonas, mucosidad y ácidos fuertes. La mezcla se remueve en el estómago hasta que la pasta recibida del esófago se convierte en una papilla fluida llamada quimo, que ya puede pasar al intestino.

El interior del intestino delgado contiene numerosos cilios que ejecutan un movimiento de vaivén. De esta manera hay una amplia superficie que está en contacto con el quimo el tiempo necesario para ir absorbiendo los nutrientes a medida que este avanza.

Simultáneamente otros órganos, como el páncreas y el hígado, segregan sustancias que realizan otras funciones útiles. La bilis amarilla del hígado emulsiona la grasa y además activa unas moléculas del mismo intestino que devoran grasa. Así se forman unas moléculas que, por su tamaño, pueden ser absorbidas con facilidad. La bilis que no se usa se almacena en la vesícula biliar. El páncreas derrama una sustancia que contiene bicarbonato sódico y neutraliza los ácidos que han llegado del estómago, y también una mezcla de moléculas que rompen los azúcares y las proteínas, y también las grasas, ayudando a la bilis.

Así todas las moléculas importantes son extraídas del alimento. Las células de las vellosidades internas del intestino son sustituidas cada tres, cuatro o cinco días, aún en la vejez.

Al envejecer, las glándulas parótidas segregan menos saliva, por lo que se tiene menos protección de infección bucal y se pierde sentido del gusto, y la sequedad dificulta el habla y la masticación.

Con los años, aunque en general el aparato digestivo sigue funcionando bien, los músculos que se encargan de remover, pierden algo de eficacia y disminuye la cantidad de componentes del ácido gástrico y de las moléculas de pepsina, que se usa para descomponer las proteínas. Como consecuencia la digestión puede ser algo más difícil. Se pierde la capacidad de absorber algunas moléculas del quimo, como por ejemplo el calcio; tal vez esto se deba a la ausencia de vitamina D, la sustancia que extrae el calcio. Quizá la pérdida del llamado "factor intrínseco" que segrega normalmente el estómago, impide que se absorba del quimo vitamina B12, que es importante para producir energía, así como para formar las células rojas de la sangre y ciertos neurotransmisores.

EL APARATO RESPIRATORIO

Por otra parte el oxígeno entra en el cuerpo gracias al aparato respiratorio.

Por debajo de los pulmones hay un músculo llamado diafragma que se expande creando un vacío; otros músculos intervienen también; automáticamente el aire que nos rodea tiende a llenar ese vacío y así se introduce en nuestro cuerpo. El diafragma vuelve a su posición original gracias al retroceso elástico, y así vuelve a empezar el ciclo.

El aire entra por la tráquea y llega por unas ramificaciones, los bronquios y los bronquiolos, a los alvéolos pulmonares, que son como unas bolsas de membrana fina que contienen muchos capilares, en los que tiene lugar continuamente el intercambio de gases.

Actúan como si fueran unas puertas giratorias, que permiten la entrada de oxígeno mientras expulsan el dióxido de carbono o anhídrido carbónico.

Si se extendiera el conjunto de ramificaciones que hay en los pulmones tendría el tamaño de una pista de tenis. Así se dispone de una gran superficie para recibir oxígeno. La pérdida de colágeno y elastina afecta al retroceso elástico y también se pierden con la edad alvéolos por lo que la capacidad de oxigenar se resiente.

Ya tenemos nutrientes digeridos y oxígeno en el interior del cuerpo; ¿cómo se consigue que lleguen ahora a cada célula del organismo?. El encargado de esto es el aparato circulatorio.

EL APARATO CIRCULATORIO

En el interior del corazón hay cuatro cavidades, dos aurículas arriba y dos ventrículos debajo. En las cavidades izquierdas entra y sale la sangre desoxigenada y en las derechas la oxigenada. Contienen válvulas para conducir la sangre en una sola dirección.

En la superficie del corazón un conjunto complejo de nervios se encargan de que este continúe latiendo.

La aorta es la arteria que conecta el corazón con todo el resto del sistema de arterias, arteriolas y capilares. La sangre sale por la aorta con oxígeno para distribuirlo por todo el cuerpo. El hueco interior de las arterias se llama lumen y está revestido por tres capas: la túnica íntima, la túnica media y la túnica adventicia, hecha principalmente de colágeno y elastina, las mismas proteínas que hay en la piel. Eso las hace elásticas para que se puedan dilatar o ensanchar y después volver a su posición.

Las venas son el conjunto de vasos que llevan de vuelta a los pulmones la sangre ya desoxigenada y los desechos (dióxido de carbono) del proceso de producción de energía celular. Tienen las mismas capas de tejido pero su elasticidad es menor que la de las arterias y no son tan fuertes, ya que cuando la sangre llega a las venas ha perdido gran parte de su presión.

Las venas tienen en su interior unas válvulas que impiden que la sangre retroceda hacia abajo en camino inverso;

cuando funcionan mal se originan las varices.

Fue en el siglo XVII cuando William Harvey midió la sangre que manaba de su corazón en una hora y descubrió que equivalía a tres veces el peso de su cuerpo. Era evidente que para triplicar el peso de su cuerpo debía estar midiendo repetidas veces la misma sangre; así descubrió que la misma sangre se reciclaba en un circuito cerrado.

La eficacia del sistema circulatorio se calibra midiendo lo que se llama el "gasto cardiaco", que se obtiene multiplicando el volumen sistólico, que es la cantidad de sangre impulsada por el ventrículo izquierdo y la aorta hacia el cuerpo, por el pulso, que es el número de latidos por unidad de tiempo (gasto cardiaco = volumen X pulso).

Cuando envejecemos crece la pared del ventrículo y pierde elasticidad; como consecuencia disminuye el volumen sistólico y por tanto el gasto cardiaco, de modo que los tejidos reciben menos oxígeno; además las arterias se vuelven más rígidas y sus tejidos más gruesos, por cambios en el colágeno y los depósitos de calcio. En su interior disminuye el diámetro por la acumulación de moléculas de colesterol, triglicéridos y lipoproteínas, y ofrecen más resistencia al paso de la sangre.

El corazón humano tiene el tamaño aproximado de un puño cerrado, pero la ballena azul, el mayor animal de la Tierra tiene un corazón de media tonelada.